BEI GRIN MACHT SICH IHR WISSEN BEZAHLT

- Wir veröffentlichen Ihre Hausarbeit,
  Bachelor- und Masterarbeit

- Ihr eigenes eBook und Buch -
  weltweit in allen wichtigen Shops

- Verdienen Sie an jedem Verkauf

Jetzt bei www.GRIN.com hochladen
und kostenlos publizieren

Bibliografische Information der Deutschen Nationalbibliothek:

Die Deutsche Bibliothek verzeichnet diese Publikation in der Deutschen National-
bibliografie; detaillierte bibliografische Daten sind im Internet über http://dnb.d-
nb.de/ abrufbar.

Impressum:

Copyright © 2010 GRIN Verlag, Open Publishing GmbH
Druck und Bindung: Books on Demand GmbH, Norderstedt Germany
ISBN: 978-3-668-05530-8

Dieses Buch bei GRIN:

http://www.grin.com/de/e-book/306264/regionale-geographie-wirtschaftsgeogra-
phie-deutschlands-eine-zusammenfassung

Martin Eder

Regionale Geographie: Wirtschaftsgeographie Deutschlands. Eine Zusammenfassung

GRIN Verlag

Universität Augsburg

Fakultät für Angewandte Informatik

Lehrstuhl für Humangeographie und Geoinformatik

RG: Wirtschaftsgeographie Deutschlands

Vorlesung: Regionale Geographie:

Wirtschaftsgeographie Deutschlands (WS 09/10)

Inhaltsverzeichnis

RG: Wirtschaftsgeographie Deutschlands

20.10.2009

<u>**Organisatorisches:**</u>

Vorlesung Europa/Mitteleuropa:	**Eine Prüfungsanmeldung** in Studis
Leistungsnachweise:	gemeinsame **Klausur** am **05.02.2010**
	14:00 – 15:30

<u>**Literatur:**</u>

GLASER, GEBHARDT, SCHENK (2007): Geographie Deutschlands. Darmstadt. 280 S.

21.10.2009

1 Grundbegriffe

Wirtschaft ist die **Gesamtheit aller Einrichtungen** (= Unternehmen, private Haushalte, öffentlichen Einrichtungen) und **Handlungen** (= Erzeugung, Verbrauch, Umlauf, Verteilung von Gütern und Dienstleistungen), die der **planvollen** (= Strategie) **Deckungen** der **menschlichen Bedürfnisse** dienen.

Weltwirtschaft	(= global)
Volkswirtschaft	(= bestimmte Länder)
Regionalwirtschaft	(= eine Region)
Stadtwirtschaft	(= eine Stadt)
Betriebswirtschaft	(= ein Betrieb)

Wirtschaftsgeographie ist jener Zweig der Humangeographie, der die **räumlichen Funktionen**, **Strukturen** und **Prozesse der Wirtschaft** untersucht.

<u>**Wirtschaftssektoren:**</u>

Primärer Sektor:	Urproduktion, stellt Rohstoffe der Wirtschaft zur Verfügung (Landwirtschaft, Bergbau, Fischerei, Forstwirtschaft)
Sekundärer Sektor:	produzierendes und verarbeitendes Gewerbe (Industrie, Handwerk, Baugewerbe (Hochbau, Tiefbau), Energie- und Wasserwirtschaft)
Tertiärer Sektor:	Dienstleistungssektor: - distributive Dienste (Verteilung)

(z.B. Handel, Verkehrs- und Kommunikationsswirtschaft)

- wirtschaftsbezogene Dienste (z.B. Banken,

   Versicherung)

- haushaltsbezogene Dienstleistungen (private

   Nachfrage)

   gesellschaftsbezogene Dienste (gemeinschaftliche D)

   (z.B. Heime, Ausbildungsstätten, Kultureinrichtungen)

Quartärer Sektor: Informationssektor

(Voraussetzung: höhere Ausbildung, gehobene Beratung)

Drei-Sektorenmodell nach Fourastié (ca. 1930):

- beschreibt, dass der **Schwerpunkt der wirtschaftlichen Tätigkeit** zunächst vom

   primären Wirtschaftssektor (Rohstoffgewinnung), auf den sekundären

   (Rohstoffverarbeitung) und anschließend auf den tertiären Sektor (Dienstleistung)

   verlagert wird.

Der **Wandel der Sektoren:**

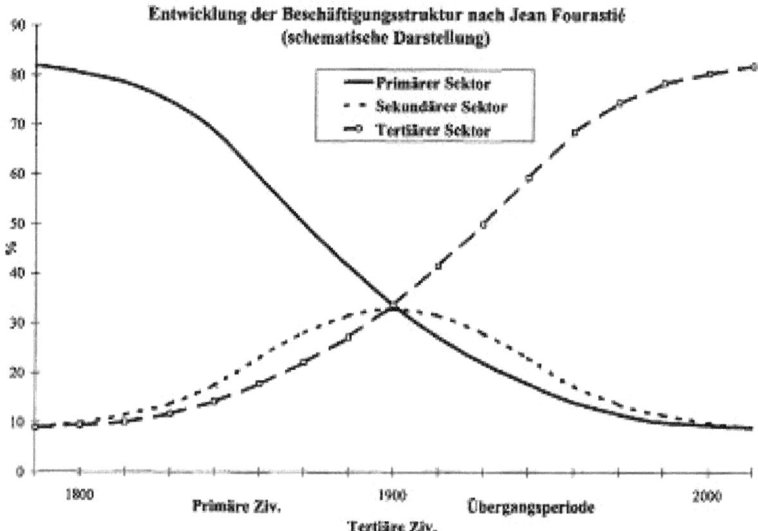

http://www.deuframat.de/de/einfuehrung/in-einem-neuen-europa/frankreich-starkes-stueck-
europa/erwerbsstruktureller-wandel-zeichen-des-umbruchs.html

Bruttoinlandsprodukt: Wichtigstes Maß der wirtschaftlichen Leistung einer Volkswirtschaft

Das **Bruttoinlandsprodukt (BIP) gibt** den **Gesamtwert aller Güter** (Waren, Dienstleistungen) **an**, die **innerhalb eines Jahres innerhalb** der **Landesgrenzen** einer Volkswirtschaft **hergestellt wurden** und dem **Endverbrauch** (Endprodukt) dienen.

Bruttoinlandsprodukt =

Produktionswert (**Summe** des Wertes aller in einer Volkswirtschaft (von In- und Ausländern) **produzierten Güter** und **Dienstleistungen**)

- Vorleistungen (**Wert** der **im Produktionsprozess verbrauchten**, verarbeiteten oder **umgewandelten** Waren und Dienstleistungen. Vorleistung gehen voll in das im Produktionsprozess nachgelagerte Produkt ein (z.B. Tierfutter für Kühe bei Milchproduktion))

+ Gütersteuern (Produktions- und Importabgaben)

- Subventionen

Probleme:

- Viele produzierten Waren und Dienstleistungen fließen durch **Schwarzarbeit** oder **Freundschaftshilfe** nicht in BIP ein. (Dies ist vor allem in Entwicklungsländer großes Problem.)
- **Schwankende Marktpreise**
- **Inflation** fließt in das nominale BIP ein. (oder inflationsbereinigtes BIP)

Nominale BIP kann steigen, wenn Geld weniger Wert ist, ohne dass mehr produziert wird. (**Inflation**). Bei **Deflation** kann das nominale BIP dagegen sinken.

BIP hoch in der **blauen Banane:** London, Paris, Frankfurt, München, Mailand).

Niedrig in **peripheren Gebieten** Nordschottland, Nordosteuropa Südosteuropa, iberische Halbinsel.

2 BRD im Überblick und im Vergleich

Deutschland ist ein relativ **rohstoffarmes** Land, aber **Konzentration** auf **tertiären Sektor**. (Ein Land mit **vielen Humanressourcen**.)

Großteil der Fläche **agrarisch** genutzt, aber in diesem Sektor herrscht ein **geringer Beschäftigungsanteil**.

BIP liegt bei ca. 2 Billionen Euro. (Eine der führenden Volkswirtschaften)

Große Exportleistung (Exportweltmeister), aber dadurch auch **Abhängigkeit zu anderen Märkten** und wenig Einfluss.

Weshalb gibt es in Deutschland **Arbeitslosigkeit**?

In den letzten Jahrzehnten stieg die Arbeitslosigkeit **kaskadenförmig** an.

Betriebe meinen: hohe Sozialabgaben der Betriebe wären Ursache für die steigende Arbeitslosigkeit.

Gewerkschaft meint: Ursache der Arbeitslosigkeit ist, dass die Löhne nicht steigen.

28.10.2009

Deutschland ist einer der **größten Industrienationen** (Platz 4) und **Exportweltmeister**.

Die vier **größten Bereiche** sind:

- Automobilwirtschaft
- Maschinenbau
- Elektrotechnik und
- chemische Industrie,

in denen Deutschland **weltweit** in **führenden** Positionen steht.

Globalisierung:

Zunehmende **Entstehung weltweiter Märkte** für **Waren, Kapital** und **Dienstleistungen**, sowie die damit verbundene **internationale Verflechtung der Volkswirtschaften**.

Antriebskräfte der Globalisierung:

- **neue Technologien** im Kommunikations-, Informations- und Transportwesen
- **neue Organisationsformen** der **betrieblichen Produktionsprozesse**

PRO	KONTRA
größere Produktvielfalt	Verstärkung des sozialen Ungleichgewichts
Schaffung von Arbeitsplätzen	Verringerung staatlicher Einflussnahme und gesellschaftlicher Kontrolle
„die Welt rückt näher zusammen"	zunehmende Umweltzerstörung und Umweltschäden
staatenübergreifende Wirtschaftsräume	

Warum expandieren Unternehmen ins Ausland:

- Erschließung neuer Märkte
- Wettbewerbssituation
- Kundenwunsch; Nähe zum Kunden

Haupthandelspartner Deutschlands:

1) Frankreich (Export + Import)
2) USA (Export) Niederlande (Import)
3) GB (Export) China (Import)

Export: Auto, Maschinen, elektrotechnische Produkte

Import: Elektrotechnische Produkte, chemische Produkte, Auto

3 Bodenschätze/Montanindustrie

Bergbau:

Gewinnung von **Rohstoffen** aus der Erdoberfläche, z. B. Kies, Sand, Ton, Kalk, Salze, Torf, Erdöl.

In einer **Lagerstätte** kommt soviel von dem Rohstoff vor, dass sich der **Abbau lohnt**. Handelt es sich nur um ein **Vorkommen**, ist es eine **nicht abbauwürdige Lagerstätte**, da es **wirtschaftlich nicht rentabel** ist.

Über Tage (Tagebau) → oberflächennahe Rohstoffe durch Abgrabungen in offenen Gruben gewonnen (z.B. Steinbruch)

Unter Tage (Bergbau) → Gewinnung durch Stollen und/oder Schächte im Gebirge (z.B. Bergwerk)

Bohrlochbergbau → Rohstoffe werden durch Tiefbohrungen (über

Bohrlöcher) von über Tage aus gewonnen

(z. B. bei Erdöl/Erdgas)

1960er: Triebkraft der deutschen Wirtschaft

Bergbaukrise

<u>Braunkohle:</u>

- **fossiler Brennstoff**, zur Energieerzeugung verwendet
- **Braunkohle** besitzt etwa **1/3** der Energiedichte von
  Steinkohle (qualitativ geringer)
- Braunkohle: **24,6%** der **Bruttostromerzeugung** (1.)

Vorkommen und **Abbau** in Deutschland:
1. Rheinisches Revier
2. Mitteldeutsches Revier
3. Lausitzer Revier

- ca. **900 Mio.** Tonnen werden weltweit jedes Jahr
  gefördert und verbraucht. (in D: 176,3 Mio. Tonnen)
- die Vorkommen **reichen** etwa noch ca. **230 Jahre** in
  Deutschland aus. Weltweit ca. 290 Jahre bei gleicher
  Abbaumenge wie heutzutage.
- **Tagebauabbau** (flächenintensiv, Umweltschäden)
- **Gewichtsverlustmaterial** (vgl. Weber)

Entstehung:

→ aus Torf (in Torfgebieten: 1.000 – 10.000 Jahren) und Holz unter
    Kohlenstoffeinfluss: **Inkohlung**

→ bedeckt durch Sedimentationsschichten → Entwässerung → Anstieg des
    Kohlenstoffanteils

→ Pechkohle → Steinkohle → Granit → Diamant (nach Grad der Inkohlung)

→ mehr als 50% des Gewichtes macht das Wasser aus, Volumen 70% aus Kohlenstoff

→ hauptsächlich im Tertiär entstanden (bräunlich, schwarzes Sedimentgestein)

<u>Steinkohle:</u>

- **fossiler Brennstoff**, zur Energieerzeugung verwendet
- Steinkohle: **18,3%** der **Bruttostromerzeugung** (3.)
- hartes, schwarzes Gestein

Abbau:

- in Deutschland: im Ruhrgebiet und im Saarland
- in Europa: Russland, Polen, Ukraine
- ca. **5.356 Mio.** Tonnen werden weltweit jedes Jahr
  gefördert und verbraucht. (in D: 23,5 Mio. Tonnen)
- **unter Tage** (in Bergwerken)
- Probleme: Bergschäden (Stürze)
- Rückgang seit 1960er Jahre (vgl. Stahlindustrie)
- einzelner Arbeiter produziert in gleicher Zeit viel mehr
- **Beschäftigtenrückgang**
- **Subventionen** 2001 in Höhe von 4,0 Mrd. € = 2,6% der Gesamtsubventionen
  (Steinkohleförderung soll in Deutschland bis 2018 auslaufen)
- im Karbon entstanden

04.11.2009

4 Fischerei/Landwirtschaft/Forstwirtschaft

Branchen hängen sehr **stark vom Standort ab.**

Bei rohstoffabbauenden und **forstwirtschaftlichen Betrieben** besteht die **Schwierigkeit** (oder nahezu keine Möglichkeit) **Standorte** zu **verlagern.**

(z.B. Kieswerke)

Die **Persistenz** (langfristige Fortbestehen) spielt im primären Sektor eine sehr große Rolle.

<u>Fischerei</u>:

- **Konzentration** um **Hamburg** (und Bremen)
- **Verpackungsbetriebe** (und Verarbeitungsbetriebe) der Fischerei folgen den
  Bevölkerungsschwerpunkten
- überall in D verteilt, sind lokale Fischmärkte vorhanden (Frische)

<u>Landwirtschaft:</u>

Unterscheidet zwischen:

- **Haupterwerbsbetrieben**:
  - landwirtschaftlicher Einzel- oder Familienbetrieb, Betrieb hauptberuflich bewirtschaftet
  - mehr als 50 Prozent des Einkommens aus landwirtschaftlicher Arbeit erzielt
- **Nebenerwerbsbetrieben**:
  - landwirtschaftlicher Einzel- oder Familienbetrieb, Betrieb nebenberuflich

bewirtschaftet

- weniger als 50% des Gesamteinkommens mit landwirtschaftlichen Betrieb
  bewirtschaftet

Ehemalige DDR hoher Anteil von **HEB**.

Dort wo die **Topographie große Unterschiede** aufweist, sind **wenig HEB** angesiedelt.

Gründe:

Anerbenteilung (Folge: Große Betriebe; große Hektorzahlen im Durchschnitt) in
        Ostdeutschland und Vergangenheit: DDR (volkseigene Betriebe)

Realerbteilung (Folge: Kleine Betriebe) in **West-** und **Süddeutschland.**

Fruchtbare Böden:

Magdeburger Börde: **höchste Fruchtbarkeit** Deutschlands (gute pedologische
                  Grundlage; Index = 100)

Gute Bödengüte: in Gebieten von Kraichgau, Dungau und Kölner Becken.

Bodengüte: Boden-Klima-Zahl (Reichsbodenschätzung)

- es gibt wenig Regionen, die auf eine landwirtschaftliche Nutzform spezialisiert sind

Sonderkulturen bringen im Normalfall **höhere Erträge, als Ackerbau,** und **Hackfrüchten** und diese mehr Erträge **als Viehzucht.**

Futterbau:
        - landwirtschaftliche Anbau von Futterpflanzen für Nutztiere (Viehhaltung)
        - Süden Bayerns, Bayerischer Wald, Nordseeküste für Rinder und Schweine

Marktfrüchte:
        - Pflanzenanbau, die innerhalb eines Marktes als Lebensmittel in den Handel
          gelangen
        - Magdeburger Börde, Kölner Becken, teilweise am Rhein/Main

Sonderkulturen:
        - Bereiche der Pflanzenproduktion, die besonders arbeits- und kapitalintensiv
          sind (+ bestimmte klimatische Voraussetzungen)
        - produziert werden:
                - Gemüse (Niederrhein; Donau; Dungau)
                - Wein (am Rhein)
                - Obst (am Oberrhein; Bodensee);
                - Hopfen (in Bayern)

- Spargel (1/3 der Gesamtmenge zw. Augsburg – München – Ingolstadt,
  da gute Flugsandböden, 600 Spargelanbauer (meist NEB);
  Schrobenhausen)
- zusätzlich am Rhein und Main, entlang des Neckars, Bodensee, Rheingraben

Tierhaltung:
Rinder:
- dort wo ein hoher Grünlandanteil vorhanden ist, herrscht auch eine hohe
  Rinderhaltung. (im Süden Bayerns und an der Nordseeküste)

Schweine:
- Schwerpunkt liegt im Osten von Niedersachsen (Münster) und im Norden von
  Nordrhein-Westfalen; zusätzlich entlang Donau (Schwäbisch-Hall)
- Nahrung der Schweine: Rüben, Hackfrüchte. Diese erfordern bestimmtes
  Klima, im Süden Bayerns zu. (riskanter Anbau, deswegen dort keine
  Schweinehaltung

<u>Forstwirtschaft:</u>
Rohstoff zur Weiterverarbeitung (ökonomisch), aber auch **ökologische Bedeutung**:
(Umweltschutz: Wasserschutz, Klimaschutz, und Erholungsfunktion)
- in D: 11 Mio. ha; das entspricht **ca. 30 % der Gesamtfläche Deutschlands**
- D hat **große Holzvorräte**:
  - aufgeteilt in 9 Mio ha Forstbetriebe; 2 Mio ha Private Forstbetriebe

Bewirtschaftsformen des Waldes:
- **Altersklassenwald**:
  - in der Regel nur **Monokulturen** (Fichten (schneller, geradliniger Wachstum,
    aber flache Wurzeln und saures Bodenmilieu, sowie Schädlingsanfallproblem)
  - zeitversetzte Ernte
  - Kostensenkung (Wettbewerbsfähigkeit)
- **Naturnah bewirtschafteter Wald**:
  - ökologisch stabilerer, resistenterer und verträglicherer Waldtyp
  - ökonomisch unrentabler

Heutzutage gibt es sogar einen globalisierten Holzwald. (z.B. Bäume nach Hongkong)

Vorkommen: hohe Waldanteile in Hessen und Rheinland-Pfalz, vor allem im
                     südlichem Deutschland; gering in Norddeutschland

Unterschied von: Staatswälder, Körperschaftswald, Privatwälder

Holzeinschlag: hoher Nadelholzanteil im Osten der BRD (kontinentaleres Klima)

Norddeutschland: Kiefer und Lerchen Holzeinschlag

Süddeutschland: Fichte

11.11.2009

5 Industrie

- Industrie entsteht **durch Produktion** und **Weiterverarbeitung**.
- industrielle Betriebe produzieren in **Fabriken** und **Anlagen**.

Industrialisierung:

- Ausbreitung und Durchsetzung von industriellen Produktionsformen

Gekennzeichnet durch:

- Massenproduktion
- Mechanisierung
- Automatisierung
- hoher Technologisierungsgrad
- Arbeitsteilung
- regelmäßige Produktionen (Lagerproduktion)
- Trennung von Wohnen und Arbeiten
- Abhängigkeit vom Handel

2 Datenklassifikationen der Wirtschaft:

NACE   (Nomenclature generale des activities economics)

System zur Klassifizierung von Wirtschaftszweigen der Europäischen Union

ISIC   (International Standard Industrial classification)

Internationale Standardklassifikation der Wirtschaftszweige der Vereinten Nationen

Begriffe:

Industriecluster:

- **Ballung**/räumliche Konzentration von **Industriebetrieben**.
- horizontales (selbe Produktionsstufe)/ Vertikales Cluster (entlang einer Produktionskette)
- durch Unterstützungsbetriebe (Versicherungen), operativen Unterstützungsunternehmen (Management, Banken, Consulting, Unternehmensberatung)

- **Kennzeichen**:

    Entstehung: natürlicher Prozess, durch Angebot & Nachfrage

    Vorteile: Agglomerationsvorteile

    Nachteile: erhöhter Konkurrenzkampf

- **Lokalisationsvorteile** (Agglomerationsvorteile durch Ballung) nicht gleich Urbanisierungsvorteile (durch Urbanisierung, Siedlungen, Infrastruktur). z.B. Silicon-Valley

Industrie-Distrikt:

- Klein- und mittelgroße Unternehmen mit sozialer Beziehung (soziokultureller Zusammenhalt)
- z.B. drittes Italien (durch vertrauliche Bindung/soziales Netzwerk, flexible Spezialisierung)

Industrie-Gebiet::

- durch öffentliche Hand/Gemeinden ausgewiesen
- es wird versucht durch Baugenehmigungen und Baunutzungsverordnung Industrieunternehmen an bestimmten Orten zu konzentrieren
- Planung: Flächennutzungsplan

<u>Industriesektoren abhängig von Standortfaktoren?:</u>

1. humankapitalintensive Produktion
   - benötigt ganz bestimmte Arbeitskräfte (z.B. Fachkräfte)
2. arbeitsintensive Produktion
   - besonders viele Arbeitskräfte (z.B. Kleidungsindustrie; Lohnkosten spielen dabei große Rolle)
3. kapitalintensive/sachkapitalintensive Produktion
   - benötigen viel Geld (z.B. chemische Industrie)

Just-in-time Produktion (= **fertigungs-/bedarfssynchrone Produktion**):

- Produktionsstrategie, die als Ziel Schaffung durchgängiger Material- und Informationsflüsse entlang der Lieferkette (engl. *Supply Chain*) verfolgt
- zur schnelleren Auftragsbearbeitung sowie Auftragsflüssen

<u>**Gesamtwirtschaftliche Bedeutung der Industrie:**</u>

Die **größten Industriebranchen** 2007 BRD	**Umsatz**	**Beschäftigte**
Maschinen- und Anlagenbau	190 Mrd. €	914.000
Elektrotechnik und Elektronik	182 Mrd. €	820.000
Straßenfahrzeugbau	290 Mrd. €	744.500
Ernährungsgewerbe	116 Mrd. €	408.600
Chemie	140 Mrd. €	419.300

Industriekompetenz der **BRD** liegt bei den **höherwertigen Gütern**. (medium high technology)

Klassische Güter mit moderner Technologie. (z.B. Kühlschrank, Rasenmäher, Herd)

6 High-Tech

Hochtechnologie ungleich High-Technology

<u>**Hochtechnologie**</u>:
- jener **Zweig der Industrie**, der die **Technologie einsetzt**, der auf dem **aktuellen Stand der Technik** ist.
- alle Betriebe die zwischen 3,5 % - 8,5 % des Umsatzes in Forschung und Entwicklung stecken.
- z.B. Biotechnologie, Computertechnologie, Nanotechnologie, Optotechnologie

<u>**Spitzentechnologie**</u>:
- Unternehmen, die mehr als 8,5 % in Forschung und Entwicklung (FuE) stecken. (z.B. Softwareentwicklung, Pharmazie)
- Beschäftigungszahl schwer herauszufinden.
- Anteil der Beschäftigungszahlen vor allem um Raum München, Rhein-Main Gebiet, Berlin, Hamburg, Köln. (in großen Städten)
- wenig in Mitteldeutschland, Mecklenburg-Vorpommern

18.11.2009

Support Gewerbe:
- Unternehmensberatung, Versicherungen (Dienstleistungsangebote)
- wissensintensive Unternehmensorientierte Dienstleistungen (bestimmte Qualifikationen der Mitarbeiter nötig)
- West- Ost Unterschied

Verhältnis vom verarbeitenden Gewerbe und Dienstleistungssektor:
Nürnberg und München Schwerpunkt von Hightech-Sektoren

Hightechsektor:
- Wachstumsmarkt und –motor
- setzen modernste neueste Technologie ein.
- Nachteile:
    - viel Geld nötig (Investitionskapital, noch keine automatisierten
      Vorgänge)
    - Investitionen bringen nicht immer den gewünschten Erfolg
      (Multiplikator-Effekt muss größer als Investition sein)

Krise 1990: Biotechnologie

Risikokapital

<u>Technologieatlas Deutschland:</u>

Was ist die **führende Hightechregion Deutschlands?**

Indikatoren? Patentanmeldungen?
- die Differenz zwischen Ost und West wird geringer.
- **Bayern** (v.a. München) und **Baden-Württemberg führend.**
- 3 Standorte im Osten können mit dem Westen mithalten (punktuell):
  Dresden, Potsdam und Jena.
- aber große Unterschiede gegenüber den anderen Ostregionen. (es ist nicht
  genügend Kapital vorhanden um das komplette Land zu fördern.)
- Verstärkung des Süd-Nord Gefälles.
- 7 der 8 Spitzenregionen liegen im Süden Deutschlands.

Forschung und Entwicklung:
- Baden-Württemberg sehr forschungsintensiv, auch Ingolstadt und Braunschweig
- geringer Anteil im Osten und Osten Bayerns

Patentanmeldungen:
- meistens Anmeldung am Hauptsitz des Unternehmens
- Vielzahl an Patentanmeldungen in Berlin (Headquarter-Funktion), Hamburg,
  Ruhrgebiet, Stuttgart, München, Nürnberg
- in Ostdeutschland gibt es weniger Patentanmeldungen als in Westdeutschland.
- in Norddeutschland gibt es weniger Patentanmeldungen als in Süddeutschland,
- in Verdichtungsräumen gibt es mehr Patentanmeldungen als im ländlichen Raum.

- in Europa v.a. Innovationskraft in „blauer Banane" (über Nordengland,
  Süddeutschlands, nach Norditalien)

Technologieintensität der Wirtschaft: (nach Raumordnungsregionen)
- höchste Werte in Baden-Württemberg (führend)
- weitere hohe Werte am Ober- und Mittelrhein, Franken und Oberbayern (München)
- deutliches West-Ostgefälle in Deutschland, aber auch in Bayern selbst
- Süd-Nordgefälle in Deutschland
- niedrigste Intensität in Nordostdeutschland

<u>Acceleration des Phasendurchlaufs am Beispiel Ulm:</u>
- nach Anzahl der technopolitischen Instrumente (Stärkung der Innovationskraft einer
  Region)
- **Technologieregion Karlsruhe**:
    - früher Einstieg, aber langsamerer Anstieg der technopolitischen Instrumente.
- **Innovationsregion Ulm**
    - später Einstieg, aber stärkerer Anstieg der technopolitischen Instrumente.
    - Ulm kann von Karlsruhe lernen. („lernende Region" aus Erfahrung anderer)
    - man spricht von einer **Acceleration des Phasendurchlaufs** (vgl. Produkt-
      Lebens-Zyklus)

25.11.2009

<u>Wie entstehen High-Tech-Regionen?</u>
- unklar (im Gegensatz zu Industrie-Regionen)
- gibt es notwendige Standortfaktoren?:
    1) Pfadabhängigkeit?
        - falsch, nicht zwangsweise
    2) Zufälle
        - falsch, bewusste Herbeiführung der Zufälle

- es gibt **keine notwendigen** oder **hinreichenden Standortfaktoren** für **High-Tech-
  Regionen**!
- keine Systematik über klassische Standortfaktoren
    3) Lerntheorien
        - kopieren geht schneller wie probieren

Phasen:

1) Einleitungsphase

    - Basis-Infrastruktur

    Ziel: qualifiziertes Humankapital

2) Wachstumsphase

    - Unterstützungsstrukturen (z.B. Scienceparks, Lizensbüros)

    Ziel: Know-how umsetzen in neue Arbeitsplätze und Produkte

3) Reifephase

    - weiche/vertiefte Instrumente

    Ziel: Stabilisierung, Vertiefung, Vermarktung

tracit knowledge: nicht kodierbares Wissen

    - Erfahrung (diffus)

    - Austausch in persönlichen Kontakt

Rank-Size-Rule: (aus der Stadtgeographie)

Primat-Stadt auf High-Tech übertragen

- Netzwerke können nicht künstlich generiert werden!

Wirkung der Technologien:

Primärer Sektor: Stellenabbau

Sekundärer Sektor: Stellenabbau

Tertiärer Sektor: Vorteile und Arbeitsplätze

1) Produktinnovationen:

    - neue Produkte

    - neue Arbeitsplätze

2) Prozessinnovationen:

    - Produktionsprozess

    - Abschaffung von Arbeitsplätzen

3) Organisationssinn:

    - Management

    - Beschäftigung neutral

Direkte Beschäftigungseffekte technopolitischer Instrumente:

Technologieparks verzerren den Markt.

Miss-Match (= Fachkräftemangel)

Qualifikationssystem entwickelt sich nicht gleich wie Innovationssystem

1) Ersetzen durch Maschinen

2) Abwerben von anderen Regionen

3) Fahrstuhleffekt

-> **qualifikatorische Tragfähigkeit**:

> -> Welche technologische Möglichkeit hat eine Region in Abhängigkeit des Humankapitals?

Biotechnologie:

- Umgang von biologischen Technologien in Forschung und Anwendung

90er: Bio-Boom

Wettbewerb zwischen Staaten und Regionen.

Pharming: Nutztiere für die Produktion von Medizin

1) **grüne Bio-Technologie**:   Landwirtschaft

2) **rote Bio-Technologie**:   Medizin

3) **blaue Bio-Technologie**:   Meeresbiologie

4) **weiße Bio-Technologie**:   Industrie

5) **graue Bio-Technologie**:   Abfallwirtschaft

6) **braune Bio-Technologie**:   technische Biotechnologie

02.12.2009

Frage ob die Biotechnologie flächendeckend sich ausbreitet oder sich Cluster bilden werden.

Größten Biotechnologiecluster in der BRD:

1. Großraum München

2. Baden-Württemberg

3. NRW

Viele Unterschiedliche Unternehmenstypen:

- Kernbiotechnologieunternehmen (Forschung, Produktion von biotechnischen Produkten)

- Zulieferer von Kernunternehmen (Messgeräte)

- Forschungseinrichtungen

- Organisation des Betriebes (Versicherungsunternehmen, Risikokapitalgeber)

Wie konstruieren sich Biotechnologieunternehmen im Raum?
Welche Standortfaktoren begünstigen sie?
Foot-loose: nicht an bestimmten Standort und Lokalität gebunden
Aber neue Studien ergeben, dass Raum und Distanz eine sehr große Rolle spielen.

Räumliche Verteilung:

Zentrum (Brain Core)   Universitäten etc.

Transfer Belt   Standort von Unterstützungsunternehmen

Production Points   Standort von produzierenden Unternehmen

Transfer Belt soll **Wissen** von Brain Core in Production Points **übertragen**.

7 Dienstleistungen

- Dienstleistungen sind normalerweise im **tertiären Sektor** angesiedelt.
- der **quartärer Sektor** besteht aus **höherwertigen Dienstleistungen**. Höhere
  Ausbildung oder Qualifikation der Mitarbeiter benötigt

<u>Standortfaktoren:</u>
- Entfernung zum Kunden (Kundennähe)
- Entfernung zu den Konkurrenten
- Mieten und Grundstückspreise (meistens im Zentrum angesiedelt; zentrumsnah)
- repräsentative Lage
- qualifizierte Arbeitskräfte
- Erreichbarkeit der Nachfrager
- Größe des Marktgebietes
- Kundenkontaktpotentiale

- Es besteht eine **wechselseitige Abhängigkeit von Unternehmen**. Die **Nachfrage
  von Unternehmensdienstleistungen steigt**.

- Zunahme des tertiären Sektors kann nicht alle Verluste der Arbeitskräfte im
  sekundären Sektor auffangen.

OECD: nach 4 Wochen
1. Distributionsdienstleistungen   (Handel, Verkehr Waren von A nach B)

2. Unternehmensdienstleistungen   (Finanzdienstleitungen)

3. Persönlichen Dienstleistungen   (Gastgewerbe, Hotellerie, Kultur/Sport)

4. Sozialen Dienstleistungen   (Gesundheitswesen, Bildungswesen (Staatlich))

2. und 3. wachsen besonders an.

Stagnieren 1. (Handel)

Stark rückläufig sind soziale Dienstleistungen.

Entwicklung von 1989 bis 1999:

- Zunahme in Gesamtdeutschland
- **Hot-Spots:**
    - München, Rhein (Dienstleistungsband), Norddeutschland (geringer
      Industrieanteil und relativ hoher Dienstleistungsanteil)
- **Wachstumsmotoren:**
    - wissensintensive unternehmensorientierte Dienstleistungen (quartärer Sektor)
- **Konsumorientierte Dienstleistungen:**
    - Einkaufszentren (Simulation des öffentlichen Raumes)

09.12.2009

8 Tourismus

Tourismuswirtschaft:

- **Querschnittsbranche** (unterschiedliche Firmen sind in diesem Sektor tätig)
- meistens kleine Firmen, kaum große Konzerne (in spezielle Segmenten tätig)
- **bedeutende Wirtschaftskraft** in der BRD (60 Mrd. Euro Bruttowertschöpfung)
- 12 % der Ausgaben der privaten Haushalte liegen im Freizeit/Tourismussektor
- **Arbeitsplätze**:
    - 3 Mio. Menschen
    - (aber sehr viele gering qualifizierte Arbeitsplätze, geringe Löhne und saisonale
      Arbeitsplätze)
- Tourismusbranche ist ein Wachstumsmotor
    - mehr Geld verfügbar
    - mehr Menschen können sich Reisen leisten
    - mehr Zeit verfügbar; da die Arbeitszeit abnimmt und Freizeitzeit (die Zeit in der
      man frei entscheiden kann, was man machen will) zunimmt
    - Bevölkerungsanteil, der reist, nimmt zu (>70 % aller Deutschen vereisen)
- **Auslandsreisen** haben die letzten Jahrzehnte **zugenommen**
- **Inlandsreisen** haben **abgenommen**

- **Übernachtungsintensität** im **Norden hoch** (Übernachtungen pro 1000 Einwohner)
    - z.B. in Schleswig-Holstein, Mecklenburg-Vorpommern
- **Übernachtungszahlen** in **Bayern am höchsten**
- **hohe Übernachtungsintensität** in Ostbayern und Südbayern und in städtischen
  Gebieten, sowie an der Küste

<u>**Einteilung in touristische Großräume:**</u>
- Nähe zum Meer (Ostsee, Nordsee)
- Mittelgebirge (Bayrischer Wald, Thüringer Wald
- Alpenvorland
- Urbane Räume (Städte: München, Berlin, Verdichtungsraum:
  Ruhrgebiet)

<u>**Sanfter Tourismus**</u>
- **ökologisch** und **sozial verträglicher** Tourismus
- steht dem Massentourismus gegenüber

Unterschiede:

Hartes Reisen	Sanftes Reisen
Massentourismus	Einzel- Familien und
	Freundesreisen
Wenig Zeit	viel Zeit
Schnelle Verkehrsmittel	angemessene auch langsame
	Verkehrsmittel
Festes Programm	spontane Entscheidung
außengelenkt	innengelenkt
importierter Lebensstil	landesüblicher Lebensstil
Sehenswürdigkeiten	Erlebnisse
Bequem und passiv	anstrengend und aktiv
Wenig oder keine geistige Vorbereitung	lange Vorbereitung
Keine Fremdsprache	Fremdsprachen
Überlegenheitsgefühl	
laut	leise

- Tourismus, der die Natur schützt

Anteil erholungsrelevante Nutzungsgebiete:

- im Süden Schwarzwald, entlang der Alpenkette, Südosten Bayerns („Sibirien
  Bayerns")

- Reisende wollen möglichst **kulturelle ursprüngliche Räume** besuchen.

Attraktivität von Räumen: (Indikator)

Berge, Wasser, Meer, Seen, geringer Zerschneidungsgrad

z.B. Erzgebirge, Bayerischer Wald, Harz, Schwäbische Alb

Weniger Attraktiv:

Mittelrheinischer Bereich, Kölner Becken und Teile des Ruhrgebietes.

Bioklima in Deutschland:

Schlecht im Ruhrgebiet, in den Ballungsräumen und dem Donaugebiet.

Aber kein großer Zusammenhang mit Übernachtungszahlen.

Kurstandorte:

Nordseeküste, Ostseeküste, Mitteldeutschland (Süden Niedersachsen und Hessen),

Oberrhein, Schwarzwald, im Süden von Bayern

Freizeit- und **Erlebnisparks** vor allem im Westen (Dichotonomisierung)

Arten des Städtetourismus:

Sightseeing, Freunde/Verwandte, kulturelle Attraktionen etc..

16.12.2009

9 Transport und Verkehr

- in Deutschland herrscht ein **hohes Transitaufkommen**
- weiterer **Anstieg** in den letzten Jahren, mehr **Güter** auf die **Straße verlagert**
- Folge: 2005 LKW Maut
- Deutschland hat eines der **dichtesten Verkehrsinfrastrukturen** weltweit.
- dichtestes Netz von **Flugplätzen** und **Flughäfen** weltweit
- **Größte Flughäfen**:
  1. Rhein-Main Flughafen
  2. Franz Josef Strauß Flughafen München

- Deutschland besitzt ein gut **ausgebautes Wasserwegenetz** für die
  Binnenschifffahrt über die Flüsse Rhein, Main, Weser, Elbe (schiffbar)
- **Kanäle** (z.B. Mittellandkanal) verbinden Flüsse.
- **Größte Binnenhäfen**:
  - Duisburger Hafen ist der umschlagsstärkste Binnenhafen Deutschlands und
    Europas.
  - Mannheim 2.größter Binnenhafen
- **Seehäfen** in Deutschland: Hamburg, Wilhelmshafen, Bremerhafen
- **D nutzt** aber auch **ausländische Häfen**:   Amsterdam, Rotterdam, Antwerpen
- Problem: Mittelgebirge als Hindernis

Top Standorte für **Linienverkehr**:   London und Standorte in D
D gut versorgt mit Erreichbarkeit von internationalen Linienflügen
Erreichbarkeit von Flughäfen im Westen besser als im Osten.
Flugplätze: - regionale Wirtschaft
                     - Rentabilität sehr kritisiert
                     - Nord, Südost: Dichte geringer
                     - Mittelgebirge: mit anderen Verkehrsmitteln schwerer zu
                       erreichen

Eisenbahnreisezeiten in Europa: (1993 – 2020)
        - kürzere Reisezeiten
        - erhöhte Erreichbarkeit

<u>Gütertransport</u>:
Neue Techniken für Verbesserung
Güterverkehrszentren (GVZ)
Güterverteilzentren (GVTZ)
Logistischen Dienstleistungszentren (LDZ)
Transportgewerbegebiete (TGG)
Zentren für Produktionslogistik (ZPL)
Frachtzentren (FZ)
Transitterminals (TT)
Distributionszentren (DZ)

- **Konzentrationen** von **Logistik**, die den Transport effizienter und rationaler zu
  gestalten versuchen.

- immer Teil einer Logistik- und Transportkette.

- Bündelung von Waren

- Pufferfunktionen für Spitzennachfrage

Erreichbarkeit von Agglomerationsräumen:

- **Straße** wird aufgrund der **besseren Erreichbarkeit** zu **Agglomerationszentren** der
  Schiene vorgezogen.

- **gute Erreichbarkeit:**

    - Westdeutschland

- **schlechte Erreichbarkeit**:

    - Thüringen, Osten von Brandenburg, Mecklenburg-Vorpommern

Pendler:

Hoher Auspendleranteil in Gesamtdeutschland:

    - hoch   in Schleswig-Holstein, Rheinland-Pfalz,

    niedrig: Ruhrgebiet, Hamburg, München (leben von Einpendlern)

Pendlerräume/Berufspendlerverflechtungen:

1. Monozentrische Pendlerräume   (München)

2. Polyzentrische Berufspendlerverflechtungen   (Rhein-Main)

3. disperse Pendlerräume   (Ruhrgebiet)

13.01.2010

10 Energie

Energiewirtschaft

Die **Energiewirtschaft** kann man **unterschiedlichen Sektoren** je nach Zweigen
unterteilen:

- **primärer Sektor**:   Montanwirtschaft (Kohle, Erdöl)

- **sekundärer Sektor**:   industrielle Erzeugung von Energie

- aber **hauptsächlich tertiärer Sektor**:   Bereitstellung von Energie (Dienstleistung)

Energiewirtschaft umfasst **alle Einrichtungen** und **Institutionen**, die das Ziel
verfolgen, **private Haushalte** und **Betriebe mit Energie** zu **versorgen** (in allen
unterschiedlichen Aggregatszuständen: gas, fest, flüssig)

Einteilung in **6 Bereichen:**

1. Energiegewinnung   (Bohrinsel, off-shore)

2. Energiespeicherung

3. Energietransport   (el. Leitung, Pipelines etc.)

4. Energiehandel

5. Energievertrieb   (Verkauf von Energie an Kunden)

6. Energiesicherheit   (zur Verfügungsstellung)

- Energiewirtschaft ist ein **junger Zweig**, der sich **mit** der **Industrialisierung entwickelt** hat (Notwendigkeit von Energie; Wachstum der Industrie und Wirtschaft)
- auf dem **Energiemarkt** kam es zur **Monopolbildung** (**wenige Betriebe** auf dem Energiemarkt: Notwendigkeit von Energie führte zur Abhängigkeit von diesen wenigen Betrieben; Abhängigkeit an Energiepreis)
- **Eingriff** vom Staat
- ab 90er Jahre: Privatisierung der Energiebetriebe, Staat als Regulator

Hauptenergiequellen:
Primärenergieträger:

1. Erdöl   5.164 Petajoule

2. Erdgas   3.200 PJ

3. Kernenergie   1500 PJ

4. Steinkohle   1.881 PJ

Erdölimport Deutschlands:
- **Deutschland** muss **Erdöl importieren**, da Deutschland nicht die Möglichkeit besitzt sich selbst zu versorgen
- Erdölimport aus anderen Ländern über **Pipelines**
- viele Pipelines aus **Russland** (wichtiger **Energielieferant**)

- die Energiepolitik ist ein wichtiger Teilbereich der Wirtschaftspolitik
- Deutschland besitzt Erdölreserven in alten Salzlagerstätten in Norddeutschland („eiserne Reserven" für Krisenzeiten)
- Energie ist notwendig in Deutschland als Industrienation

Regenerative Energieträger: (Erneuerbare Energien)
Windkraft:
- Norddeutschland und teilweise Mitteldeutschland

- Wind sollte konstant und stark sein

Wasserkraft:

- Süddeutschland
- **Reliefenergie** und an **Flüssen** (z.B. Donau, Neckar, Iller, Lech; Isar, Inn),
  Pumpspeicherwerk (werden vor allem betrieben, wenn zu einer bestimmten Zeit viel
  Energie notwendig ist (zu Zeiten der Spitzenlast sind Pumpspeicherkraftwerke
  wichtig)

- **Energiebenötigung** ist sehr schwankend
- **Spitzenzeiten tagsüber**, **nachts wenig** Energie benötigt

- **Wasserwehre**, Aufstauung von Wasser, zu Spitzenlast wird Wehr geöffnet
Aber Austausch von Wasser oberer und unterer teil wird verhindert

11 Arbeitsmarkt

<u>**Definition Arbeitsmarkt**</u>:

Markt, auf dem das **Angebot** und die **Nachfrage nach** dem **Produktionsfaktor Arbeit zusammentreffen**.

Nachfrager: Marktteilnehmer aus privaten Unternehmen und öffentlichen Haushalten
Anbieter: private Haushalte

Der **Gesamtarbeitsmarkt** wird zur besseren Untersuchung und Beschreibung **in Teilarbeitsmärkte gegliedert**:

Regionen   (z.B. Arbeitsmarkt für Ostdeutschland
Berufen   (z.B. Arbeitsmarkt für Baufacharbeiter)
Qualifikationen   (z.B. Arbeitsmarkt für Hochschulabsolventen)
Gruppen   (von Personen z.B. Geschlecht)

Im Gegensatz zu anderen Märkten unterliegt der **Arbeitsmarkt** gewissen **Sonderbedingungen**, da er **nicht hauptsächlich durch** das Gesetz von **Angebot** und **Nachfrage geregelt** wird.

Die Funktionsfähigkeit des Arbeitsmarktes wird durch verschiedene **Bedingungen eingeschränkt**. So bildet sich der **Preis** (Höhe der Löhne und Gehälter) nicht frei nach Angebot und Nachfrage, sondern **wird von Arbeitgeberverbänden** und **Gewerkschaften** durch **Tarifverhandlungen** festgelegt.

Bestimmung und **Vorschriften** des Arbeits- und Sozialrechts **wirken sich** lenkend auf den **Arbeitsmarkt aus**.

Mangelnde Bereitschaft der Arbeitnehmer den Beruf zu wechseln (**Flexibilität**) und fehlende räumliche Beweglichkeit (**Mobilität**) wirken sich negativ auf die Funktionsfähigkeit des Marktes aus.

Arbeitsmarkt in Deutschland:

■ Arbeitsmarkt: Arbeitsangebot und Arbeitsnachfrage 2008

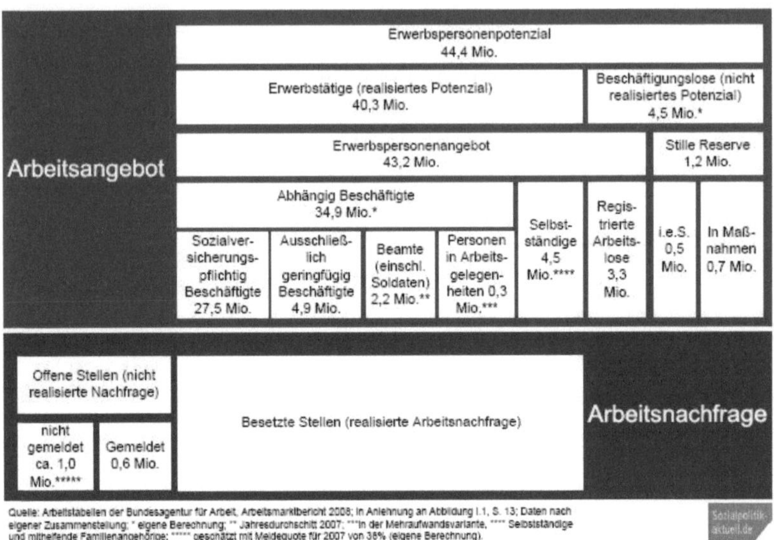

Quelle: Arbeitstabellen der Bundesagentur für Arbeit, Arbeitsmarktbericht 2008; In Anlehnung an Abbildung I.1, S. 13; Daten nach eigener Zusammenstellung; * eigene Berechnung; ** Jahresdurchschnitt 2007; ***In der Mehraufwandsvariante, **** Selbstständige und mithelfende Familienangehörige; ***** geschätzt mit Meldequote für 2007 von 38% (eigene Berechnung).

In einer **Arbeitsmarktbilanz** werden das **Angebot** und die **Nachfrage nach Arbeitskräften gegenübergestellt**, um Hinweis auf zurückliegende und absehbare Entwicklungen auf dem Arbeitsmarkt zu erhalten. Die Lücke zwischen Arbeitsangebot und Arbeitskräftenachfrage bedeutet, dass nicht alle erwerbsfähigen und erwerbswilligen Menschen einen Arbeitsplatz erhalten können.

Das **Arbeitsangebot** oder **Erwerbspersonenpotenzial setzt sich zusammen aus** dem **Erwerbspersonenangebot** (Erwerbstätige und registrierte Arbeitslose) **und** der **Stillen Reserve**. Personen in Arbeitsgelegenheiten zählt die Bundesagentur für Arbeit nicht zu den Beschäftigungslosen oder zur Stillen Reserve, sondern zu den Erwerbstätigen.

Das Erwerbspersonenpotential wird von der natürlichen Bevölkerungsentwicklung, der Wanderungsbewegung, der Erwerbsbeteiligung von Frauen, sowie jüngerer und älterer

Menschen beeinflusst. Entscheidend ist die Entwicklung der Jahrgänge im erwerbsfähigen Alter. Ohne den heute längeren Verbleib im Bildungssystem und ohne die Vorverlegung der Altersgrenzen, wäre das Erwerbspersonenpotenzial heute bedeutend höher und damit, bei unterstellt konstanter Arbeitsnachfrage, auch die Zahl der Arbeitssuchenden.

Die **Arbeitsnachfrage setzt sich zusammen aus** der **realisierten Arbeitsnachfrage** (Erwerbstätige) **und** den **offenen Stellen.**

Im Wesentlichen wirken drei Faktoren auf den Bedarf an Arbeitskräften ein: das Wirtschaftswachstum (Zuwachs des realen Bruttoinlandproduktes), die Veränderung der Arbeitsproduktivität (reales Bruttoinlandprodukt je Erwerbstätigenstunde) und die Arbeitszeit (wöchentlich bzw. jährlich).

Miss-Match:

    - **regionaler** Art: offene Stellen in Süddeutschland, gesuchte Stellen in
                                 Norddeutschland

    - **qualitativer** Art: offene und gesuchte Stellen befinden sich z.B. in
                                 unterschiedliche Sektoren

20.01.2010

Arbeitsmarktpolitik

Gesamtheit aller **Maßnahmen**, die das **Angebot und** die **Nachfrage** auf dem **Arbeitsmarkt beeinflussen** sollen. Unterschieden wird zwischen **aktiver** und **passiver Arbeitsmarktpolitik.**

Aktive Arbeitsmarktpolitik beinhaltet Maßnahmen wie

    - Arbeitsvermittlung

    - Berufsberatung

    - Umschulung

    - Arbeitsbeschaffungsmaßnahmen

    - Kurzarbeitergeld

Passive Arbeitsmarktpolitik hat zum Ziel:

    - **Linderung** der wirtschaftlichen Folgen **von Arbeitslosigkeit** durch
      Lohnersatzleistungen wie Arbeitslosengeld oder Arbeitslosenhilfe und

    - **Förderung** des **Wirtschaftswachstums** und die Verbesserung der
      Wettbewerbsfähigkeit

Arbeitgeber

Alle **Unternehmer**, die mindestens eine **Person** abhängig **beschäftigen**.

Arbeitgeber und Arbeitnehmer schließen einen **Arbeitsvertrag**, der z.B.

- die Lohnzahlungspflicht der Arbeitgeber regelt,
- seine Fürsorgepflicht beinhaltet
- den Erholungsurlaub enthält.

Arbeitnehmer:

Abhängig **Beschäftigte in** einem **Unternehmen** als

- Arbeiter
- Angestellter
- Auszubildender
- Heimarbeiter

Nicht als Arbeitnehmer gelten z.B. Beamte und Selbständige.

Erwerbspersonen

In der amtlichen Statistik alle **Erwerbstätigen**, d.h.

- alle Arbeitnehmer in einem Arbeitsverhältnis
- die Selbständigen
- die Angehörigen der freien Berufe
- die Erwerbslosen, d.h. die Arbeitslosen, die einen Arbeitsplatz suchen, unabhängig davon, ob sie beim Arbeitsamt gemeldet sind oder nicht

Nichterwerbspersonen

Den Gegensatz bilden die **Nichterwerbspersonen**, die **keinerlei** auf Erwerb gerichtete **Tätigkeit** ausüben oder suchen, z.B.

- Kinder
- Schüler
- Studenten
- ältere Personen
- Frauen oder Männer, die ausschließlich im eigenen Haushalt tätig sind.

Erster Arbeitsmarkt

„Normaler" Arbeitsmarkt, dessen **Beschäftigungsverhältnisse ohne Maßnahmen der aktiven Arbeitsmarktpolitik** zustande kommen.

Zweiter Arbeitsmarkt

Arbeitsmarkt, dessen **Beschäftigungsverhältnisse nur mithilfe** von **öffentlichen Fördermitteln** erhalten oder geschaffen werden können.

Die **Arbeitsplätze** des zweiten Arbeitsmarktes **würden ohne Maßnahmen** der aktiven Arbeitsmarktpolitik wie Arbeitsbeschaffungsmaßnahmen oder finanzielle Zuschüssen **nicht zur Verfügung stehen**.

Ziel des zweiten Arbeitsmarktes ist es, **Arbeitslosigkeit** zu **verringern** und **arbeitslosen** Personen den **Übergang in** den **ersten Arbeitsmarkt** zu ermöglichen.

(Dritter Arbeitsmarkt: Zivildienstleister, Nonne etc.)

Bruttoinlandsprodukt, Arbeitsproduktivität, Erwerbstätige, Arbeitsvolumen, Arbeitszeit 1991-2006:

- (Arbeits-)Produktivität und BIP steigt
- Zahl der Erwerbstätigen seit 1990er Jahre ...
- Arbeitsvolumen und Arbeitszeit seit 1990er Jahre rückgängig
- -> geringeres Arbeitsvolumen , höhere Produktivität

Arbeitslosigkeit

Ungleichgewicht am Arbeitsmarkt, bei dem die **angebotenen** Art und Menge von **Arbeitsleistungen** die **nachgefragte** Art und Menge **übersteigt**, sodass ein Teil der arbeitswilligen und der arbeitsfähigen Erwerbspersonen zeitweise keine Beschäftigung hat.

Bei Arbeitslosigkeit spricht man auch von einer **Unterauslastung des Produktionsfaktors Arbeit** im Sinne von **Unterbeschäftigung**, d.h. das verfügbare Angebot an Arbeitskräften (Arbeitskräftepotenzial) wird nicht im vollen Umfang zur Produktion von Gütern und Dienstleistungen herangezogen.

Arbeitslosigkeit hat negative Auswirkungen auf:

- gesamtwirtschaftliche Entwicklung
- Wachstum der Wirtschaft
- Finanzierung der Sozialsysteme

<u>**Formen der Arbeitslosigkeit:**</u>

Natürliche Arbeitslosigkeit:

Arbeitslosigkeit, die **auch unter bestmöglichen Bedingungen** vorhanden ist, da z.B. immer eine gewisse Zahl von Arbeitnehmern gerade auf der Suche nach einem neuen Arbeitsplatz ist (Friktionelle Arbeitslosigkeit) und eine **Bodensatzarbeitslosigkeit** besteht.

Friktionelle Arbeitslosigkeit:

Durch den **Wechsel des Arbeitsplatzes** bedingte Arbeitslosigkeit, die den Zeitraum der Arbeitsplatzsuche (von der Aufgabe der alten Tätigkeit bis zur Aufnahme einer neuen Beschäftigung).

Saisonale Arbeitslosigkeit:

Wird durch **jahreszeitliche Änderungen der Nachfrage** bewirkt.

So ist z.B. die Nachfrage nach Bauleistungen in Wintermonaten wegen der ungünstigeren Wetterlage geringer als in den Sommermonaten.

Konjunkturelle Arbeitslosigkeit:

Wird durch **zyklische Schwankungen der gesamtwirtschaftlichen Entwicklung** und den dabei auftretenden Nachfrageschwankungen und Produktionsrückgängen (vor allem in einer Abschwungphase) verursacht.

Zyklische Arbeitslosigkeit in Krisen   -> wachsende Zahl von Arbeitslosigkeit

Strukturelle Arbeitslosigkeit:

Entsteht durch **Arbeitsplatzabbau** in Folge von:

- Veränderung der Nachfrage in einzelnen Wirtschaftszweigen (z.B. im Kohlebergbau)
- des Einsatzes neuer Techniken und Technologien
- der Veränderung auf dem Weltmarkt.

<u>**Wo arbeiten die Deutschen:**</u>

	1970		heute
Dienstleistungssektor	10%		24%
Handel, Gastro Verkehr			
Verarbeitendes Gewerbe	1/3	->	1/5
Landwirtschaft			2%
Tertiärisierung			

Beschäftigungsentwicklung

- in Agglomerationen eher Beschäftigungszuwachs

- in ländlichen Räumen Beschäftigungsabnahme

- in Ostdeutschland größtenteils Abnahme

- in Westdeutschland größtenteils Zunahme (vereinzelt aber Abnahme: Kohlereviere
  Saarland Ruhrgebiet, Mittelgebirge)

Schwarzarbeit (Schattenwirtschaft)

Die Schwarzarbeit wird am Staat vorbei gewirtschaftet. Meistens aufgrund der hohen

Steuerleistungen. Sie ist nicht nur in Entwicklungsländern vorhanden.

In Deutschland ist 15 – 25% des BIP durch Schwarzarbeit erwirtschaftet.

Schwarzarbeiter in Bereichen

Vor allem im Baugewerbe, Handwerk (oder z.B. bei Putz- und Haushaltshilfen).

Schwarzarbeit International

1) Griechenland

2) Italien

3) Portugal

- Deutschland im Mittelfeld

Literaturverzeichnis

GLASER, R., H. GEBHARDT & W. SCHENK (HRSG.) (2007): GEOGRAPHIE DEUTSCHLANDS.– WISS. BUCHGESELLSCHAFT, 280 S., DARMSTADT.

LIEDTKE, H. & J. MARCINEK (HRSG.) (2002): PHYSISCHE GEOGRAPHIE DEUTSCHLANDS.– KLETT-PERTHES, 786 S., GOTHA U. STUTTGART.

KÜSTER, H. (1999): Geschichte der Landschaft in Mitteleuropa – von der Eiszeit bis zur Gegenwart. – C H Beck, 424 S., München.

ELLENBERG, H. (1996): Vegetation Mitteleuropas mit den Alpen in ökologischer, dynamischer und historischer Sicht. – UTB, 1095 S., Stuttgart.

HANTKE, R. (1993): Flussgeschichte Mitteleuropas. – Enke, 459 S., Stuttgart.

BORK, H.-R., H. BORK, C. DALCHOW, B. FAUST, H.-P. PIORR & T. SCHATZ (1998): Landschaftsentwicklung in Mitteleuropa. – Klett-Perthes, 328 S., Gotha u. Stuttgart.

WALTER, R. (2007): Geologie von Mitteleuropa. – Schweizerbart, 511 S., Stuttgart.

GLASER, R. (2008): Klimageschichte Mitteleuropas. – WBG, 264 S., Darmstadt.

LIEDTKE, H. (1994): Namen und Abgrenzungen von Landschaften in der Bundesrepublik Deutschland. - In: Forschungen zur Deutschen Landeskunde, Band 239.

MÜCKENHAUSEN, E. (1977): Entstehung, Eigenschaften und Systematik der Böden der Bundesrepublik Deutschland. – DLG, 300 S., Frankfurt.

SEMMEL, A. (1984): Geomorphologie der Bundesrepublik Deutschland. – In: Geographische Zeitschrift, Beihefte Bd. 30, 192 S., Stuttgart.

POTT, R. (1993): Farbatlas Waldlandschaften. – Ulmer, 224 S., Stuttgart.

POTT, R. (1995): Die Pflanzengesellschaften Deutschlands. - Ulmer, 622 S., Stuttgart.